小山的中国地理探险日志

四大盆地 上卷

蔡峰——编绘
栗河冰——主审

電子工業出版社
Publishing House of Electronics Industry
北京·BEIJING

图书在版编目（CIP）数据

小山的中国地理探险日志. 四大盆地. 上卷 / 蔡峰编绘. -- 北京：电子工业出版社, 2021.8
ISBN 978-7-121-41503-6

Ⅰ. ①小… Ⅱ. ①蔡… Ⅲ. ①自然地理 - 中国 - 青少年读物 Ⅳ. ①P942-49

中国版本图书馆CIP数据核字（2021）第128714号

责任编辑：季　萌
印　　刷：天津市银博印刷集团有限公司
装　　订：天津市银博印刷集团有限公司
出版发行：电子工业出版社
北京市海淀区万寿路173信箱　邮编：100036
开　　本：889×1194　1/16　印张：36.25　字数：371.7千字
版　　次：2021年8月第1版
印　　次：2024年11月第8次印刷
定　　价：260.00元（全12册）

凡所购买电子工业出版社图书有缺损问题，请向购买书店调换。若书店售缺，请与本社发行部联系，联系及邮购电话：（010）88254888，88258888。
质量投诉请发邮件至zlts@phei.com.cn，盗版侵权举报请发邮件至dbqq@phei.com.cn。
本书咨询联系方式：（010）88254161转1860，jimeng@phei.com.cn。

盆地主要是由于地壳运动形成的。中国的盆地数量很多。其中，塔里木盆地、准噶尔盆地、柴达木盆地和四川盆地被誉为中国的四大盆地，特色各异。在本书中，小山先生要去了解这些盆地。

你准备好了吗？现在就跟小山先生一起出发吧！

大家好，我是穿山甲，
你们可以叫我“小山先生”。
这是一本我珍藏的中国探险笔记，
希望你们和我一样，

爱冒险，
爱自由！

目 录

出发咯！

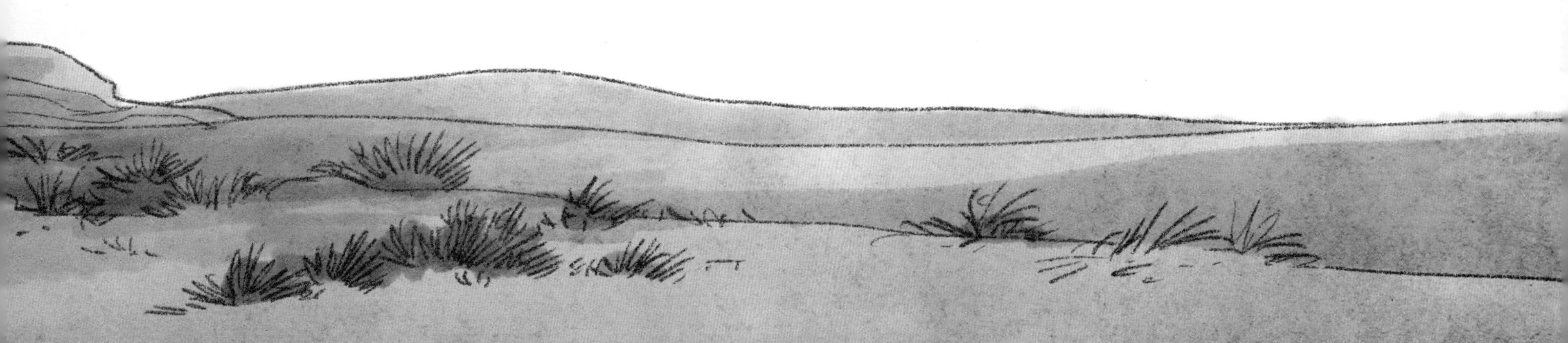

嘟
嘟
嘟

请原谅，伙计们！我理解吃午餐被打扰的心情，但是你们吃得也太慢了……
拜托了，借个道好吗？

无动于衷……

好吧，你们的地盘，
你们说了算。

绕路就绕路……

好极了，前面没路了！

让我看一下地图。

这里以前来过……

嗯!

久违了……

准噶尔盆地

准噶尔盆地位于新疆维吾尔自治区北部，是中国第二大内陆盆地，分布在第二级阶梯上。西北为西准噶尔山，东北为阿尔泰山、青格里底山和克拉美丽山，南面为北天山山脉，四周为褶皱山系所环绕，是东西长、南北宽的三角形封闭式的内陆盆地。地势东高西低，海拔 500 ~ 1000 米，平均海拔 400 米，盆地西南部的艾比湖湖面海拔仅 190 米。中部为草原和沙漠，边缘则是山麓和绿洲。

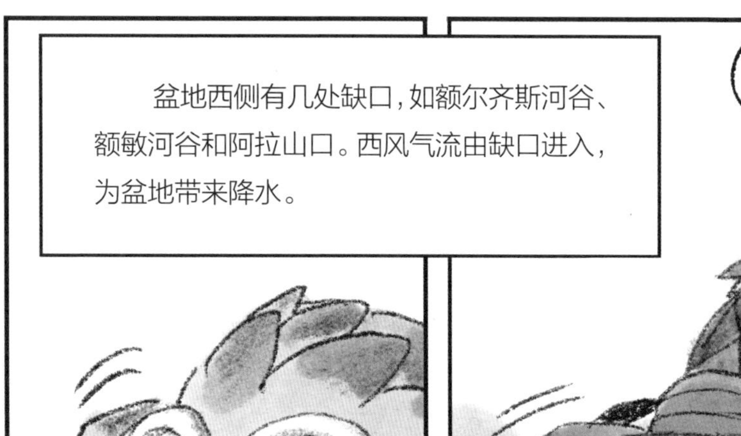
盆地西侧有几处缺口，如额尔齐斯河谷、额敏河谷和阿拉山口。西风气流由缺口进入，为盆地带来降水。

来点儿刺激的！

冲呀！
咕噜
咕噜

盆地东西长 700 千米，南北宽 370 千米，面积 13 万平方千米。这里曾是清朝前期蒙古准噶尔部的腹地，所以被称为**准噶尔盆地**。

咕噜
咕噜

哐！
哎哟！

在地质构造上为古陆台。中生代砂岩覆盖在古生代基底上，从北向南增厚，含煤和石油。新生代地层也是向南增厚。

将军戈壁，一个神奇又迷人的地方……

将军戈壁，位于新疆奇台县城以北，地处准噶尔盆地东部，面积数千平方千米，奇景异貌，多姿多彩。

它独特的地理环境孕育了独具特色的自然景观。凡是到过将军戈壁的人，无不被其震撼。著名的戈壁五彩城、魔鬼城、硅化木、胡杨林、鸣沙山都在这里。

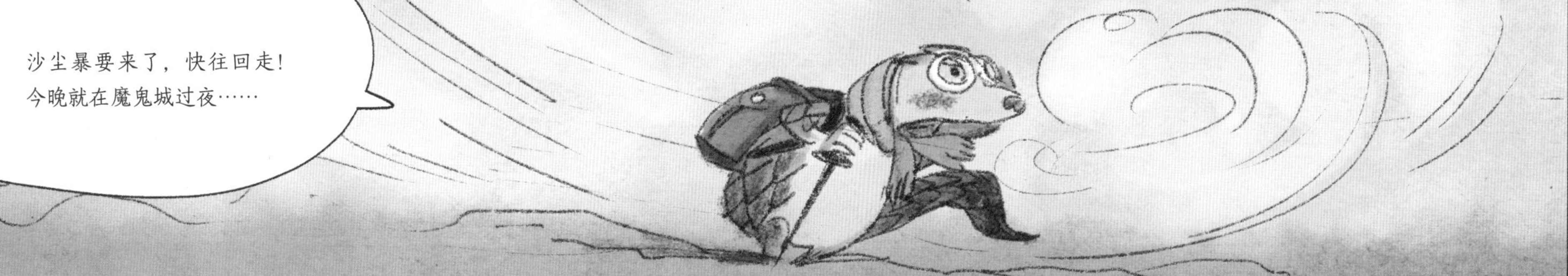
沙尘暴要来了，快往回走!
今晚就在魔鬼城过夜……

呼——呜——哇——

传说中魔鬼城的鬼哭狼嚎大概就是这个声音吧……

来查个究竟吧!
地理先知

好害怕……

大约一亿多年前的白垩纪时期，这里曾是一个巨大的淡水湖泊……

湖岸生长着茂盛的植物，水中栖息繁衍着乌尔禾剑龙、蛇颈龙和准噶尔翼龙等远古动物，这里是一片水族欢聚的天堂。
后来经过两次大的地壳变动，湖泊变成了间夹着砂岩和泥板岩的陆地瀚海，地质学上称它为“戈壁台地”。
后来由于风雨剥蚀，台地上形成深浅不一的沟壑，裸露的石层被狂风雕琢得奇形怪状。每当风起，飞沙走石，天昏地暗，怪影迷离。如箭的气流在怪石山间穿梭回旋，发出凄厉的声音。

硅化木就是木化石，是几百万年或更早以前的树木被迅速掩埋在地下后，被地下水中的二氧化硅替换而成的树木化石。它保留了树木的原始形态和构造特点。

准噶尔盆地有亚洲规模最大的硅化木群，是世界级自然遗产，具有极高的观赏、考古和科普价值。

噜啦啦，噜啦啦……
噜啦噜啦咧……

美好的早晨，
继续前行喽！

准噶尔盆地四周被星罗棋布的绿洲围绕，除了沙漠、戈壁滩、盐碱滩之外，还有无数奇特的地文景观。

走出将军戈壁，来到准噶尔盆地中央，这里是中国第二大沙漠——古尔班通古特沙漠，也称准噶尔盆地沙漠，是中国面积最大的固定、半固定沙漠。

由于沙漠里冬季有较多积雪，春季融雪后，水源变得充足，滋养了短命植物的生长，形成了一片草绿花红。成群的飞鸟也随处可见，一片生机盎然。

茫茫大漠上的点点绿洲不仅有各种奇观异景，还保留了大量古丝绸之路的珍贵文化遗迹。
北庭都护府遗址、土墩子大清真寺、烽火台、马桥故城、西泉冶炼遗址等都在这条通道附近。

丰富的石油资源

准噶尔盆地属温带干旱荒漠气候。气流从准噶尔盆地西部的缺口涌入，使古尔班通古特沙漠较为湿润，沙丘上生长着梭梭、红柳和胡杨，沙漠下蕴含着丰富的石油资源。

中国最美五大沙漠之一

古尔班通古特沙漠腹地被誉为中国最美五大沙漠之一。沙漠内部绝大部分为固定和半固定沙丘，植被覆盖率高，为亚洲中部灌木漠的主要部分，是优良的冬季牧场，垦区农牧场呈带状分布在沙漠南缘。

闪亮的人文景观

盆地的绿洲里生活着哈萨克族、蒙古族等多个少数民族。他们的游牧生活以及民族文化风俗，成为荒漠中一道闪亮的人文景观。

天然的荒漠植物园

沙漠南缘有一处天然的荒漠植物园——驼铃梦坡，上百种沙生植物以顽强的生命力在这干旱的沙坡上生生不息。那里沙丘连绵，沙浪起伏，宛如浩瀚的金黄海洋，是一片原始、粗犷、一望无垠的沙漠世界。驼铃梦坡还活跃着野驴、野猪、黄羊、狼、狐狸、跳鼠、娃娃头蛇、斑鸠、野鹰等百余种国家保护动物。

加油!
翻过这座天山……

很快就到了……

呼呼！看到了！

塔里木盆地

塔里木盆地位于新疆南部，是中国面积最大的内陆盆地。塔里木盆地与准噶尔盆地中间由天山隔开，南北相对，分布于昆仑山、天山、阿尔金山之间。东西最长处为 1400 千米，南北最宽处 520 千米，总面积 40 多万平方千米，海拔 800 ~ 1300 米，地势西高东低。盆地的中部是著名的塔克拉玛干沙漠，边缘为山麓、戈壁和绿洲。

在盆地北部流淌着新疆的母亲河——塔里木河。塔里木河是中国最大的内流河，世界第五大内流河。

塔里木河发源于天山山脉及喀喇昆仑山脉，沿塔克拉玛干沙漠北缘，穿过阿克苏、沙雅、库车、轮台、库尔勒、尉犁等县（市），最后流入台特马湖。

塔里木河流域分布着世界上目前面积最大的原始胡杨林，滋养着诸多梭梭、甘草、柽柳、骆驼刺等沙生植物。

这里还养育着塔里木马鹿、野生双峰驼、鹅喉羚、大天鹅、鹭鸶等上百种野生动物。

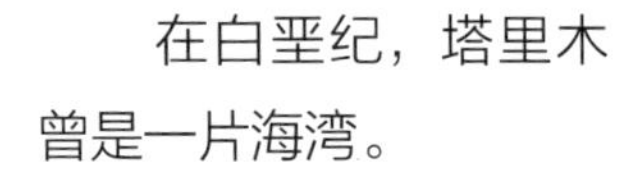

约 4100 万～ 3700 万年前，帕米尔高原周围地区逐渐抬升，拦截了海水进出塔里木盆地的渠道，大海被迫退出。

如今，人们依然能在塔里木盆地西部的诸多盐矿场里触摸远古的大海。
在塔里木盆地西北的阿克苏地区，地下的盐层刺破层层岩石，流出地表，形成了一片片盐岩地貌。

塔里木盆地是大型
封闭性山间盆地。

它经历过复杂的构造演化历史，是一个典型的长期演化的大型叠合复合盆地。

盆地地貌呈环状分布，边缘是与山地连接的砾石戈壁，中心便是中国最大的沙漠——塔克拉玛干沙漠。

塔克拉玛干沙漠是世界第十大沙漠，也是世界第二大流动沙漠。

风蚀雕琢了塔克拉玛干神秘莫测的地貌……
据考古发现揭示，这里在历史上曾出现过楼兰、米兰、且末、尼雅等王国，繁盛一时。

赤日炎炎下，银沙刺眼，沙面温度高达80℃，地表景物飘忽不定，所以在沙漠中行走常常会看到“海市蜃楼”。

在维吾尔族的传说中，塔克拉玛干沙漠是座被诅咒的、淹没在沙漠之下的城市。“塔克拉玛干”意为“地下之城”，充满了奇幻和神秘的色彩。

塔克拉玛干沙漠属暖温带干旱沙漠，最高温度可达 67℃，昼夜温差达 40℃以上。平均年降水量微乎其微，生存环境极为恶劣。

幸好我有充分的准备……

近百年来，来自世界各地的探险家曾多次窥探塔克拉玛干的真实面目，但都无奈于酷热，无不以失败而告终，所以这片沙漠也被称为“死亡之海”。

2015 年，科学家发现在广袤的塔克拉玛干沙漠地下，蕴藏着丰富的地下水资源，整个塔里木盆地的地面之下可能有超过 8 万亿立方米水……

塔里木
北美洲
五大湖
= × 10
蓄水量是北美洲五大湖总和的 10 倍，非常不可思议。

盆地地下水的来源主要是四周的高山冰雪融水，融化的雪水注入塔里木盆地之中并渗到地下。

不仅地下有水，塔克拉玛干沙漠的某些地表也的确有水。在塔克拉玛干东部，与库姆塔格沙漠和罗布泊交界的地方，有一片面积很大的沙漠湖泊——康拉克湖。

康拉克湖由11个大大小小的湖泊组成，面积在200～500平方千米浮动。大片湖水一望无际，湖水清澈见底，周围长满了芦苇、红柳等植被，很远处则是沙山，是一片非常美丽的沙漠绿洲。

古丝绸之路曾途经塔克拉玛干沙漠的整个南端。

今天的人们还能感受到位于塔里木盆地中央西南部、和田河畔的红白山上，唐朝修建的古戍堡的雄姿。

塔克拉玛干沙漠的神秘面纱底下还有其他被深埋的古丝路遗址、远古村落以及地下石油、矿物等宝藏，静待着人们一点点去发现。

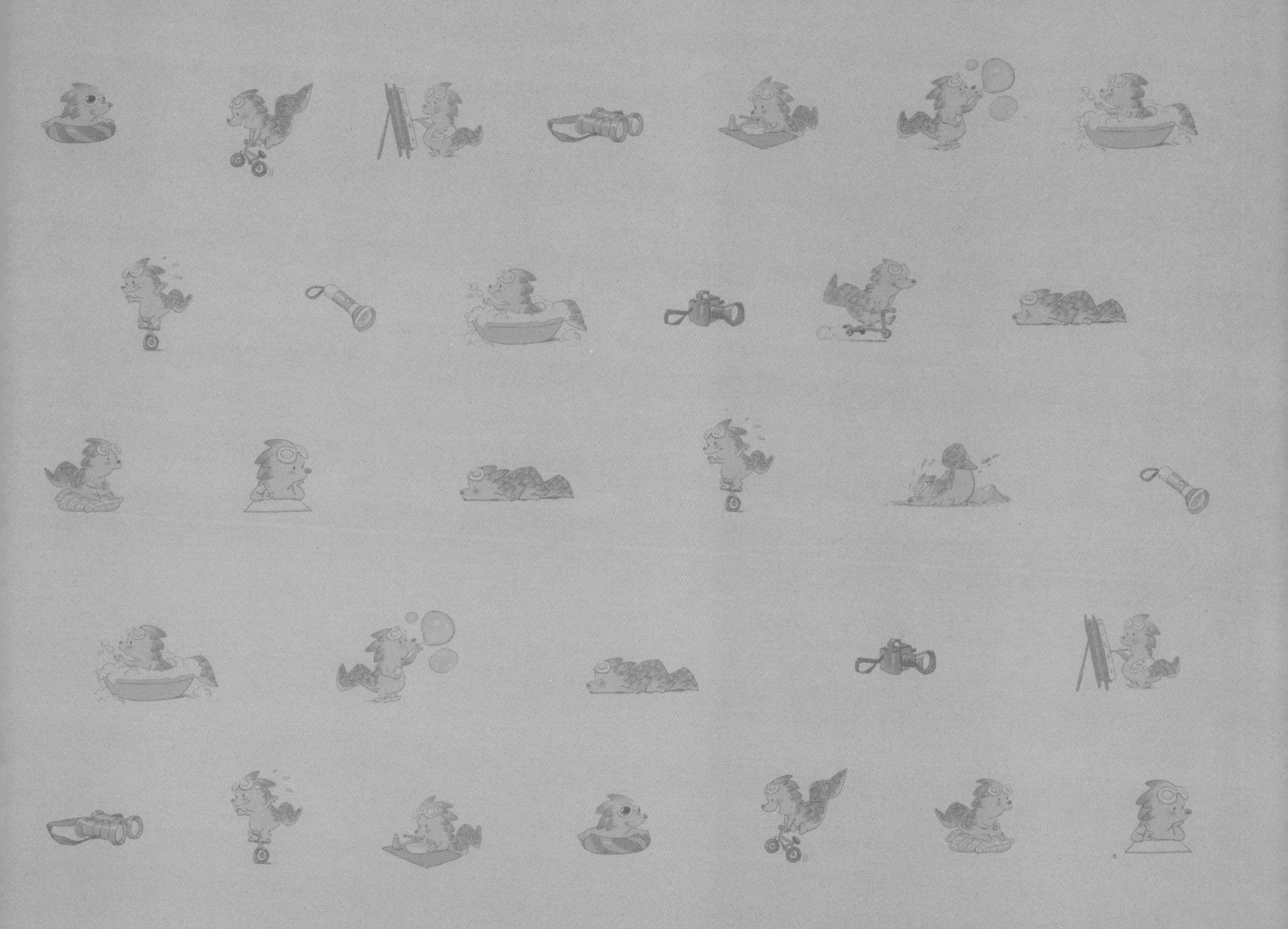